ISBN 978-7-5591-2619-1

9 787559 126191 >

定价：60.00 元

Small G
手

U0167080

小庭院
植物图鉴

tool

开始建造庭院时所需的工具

介绍开始庭院建造时所需的工具。首先，从最低限度的必要工具开始准备吧。

手叉子

可以把坚硬的地面挠软，还可以用来除草。

移植小铲子

在花坛里挖土或挖种植坑时使用。也有带刻度的。

筛子

用来清除土里的垃圾和旧根。有的也可以更换筛网。

土罐子

往花箱里装土时使用。比移植小铲子装的土多，周围也不容易溢出土。

锯子

在剪粗树枝的时候使用。也有锯齿大小可换的替换装。

剪枝剪

在剪树枝和茎的时候使用。因为刃开得很大，所以也可以剪粗的树枝。长期使用要注意保养。

喷壶

为了可以浇到植物根部，倾斜口可以取下。

剪枝长剪

用于修剪树木、树篱等。也有即使长时间修剪也不会疲惫的轻量工具。

高枝剪	扫帚	三角铲	铲子
可以自己收获果实或剪掉过长的枝条。当园内有高木时，推荐使用此工具。	用来收集落叶和修剪过的树枝。在住宅密集地需要迅速清理落叶。	可以把地上的杂草除掉。站着工作很轻松。也可以耕土。	在挖洞、挖掘大面积的土壤、平整表土时使用。

工 具 的 选 择 方 法

1. 确认实物

拿在手上确认一下对自己来说使用是否方便。在网上购买时，需要事前感受一下同款，确认一下才能放心。

2. 确认使用方法

购买从来没用过的工具，以及与自己一直使用的类型有所不同的工具时，先确认一下使用方法。

3. 考虑收纳场所

买的工具不能放到方便拿取的地方，其使用频率就会大大降低。请事先确认一下有没有收纳空间。

从必要工具开始准备

建造庭院的工具多种多样。有的人想备齐一整套工具再开始建造，有的人从使用身边已有的工具或容易到手的工具开始建造。想尝试着开始建造庭院，准备好这里列举的必要工具即可。

移植剪刀等也有价格便宜的，但园艺专用的剪刀更尖，做一些细致活儿时更好用。如果作业频繁，工具顺手是最重要的。使用工具后产生的垃圾，根据需要进行拾掇。使用园艺工作用的袋子会更便利。

tool # 小庭院的土壤制作

园艺高手可以根据植物的不同，自己配制出需要的土壤。做到这一点是有一定的难度的，这里介绍初学者容易上手的方法。

培养土

为了初学者也能马上使用，用土经过了调整。也有含有基肥的土。轻土容易干燥，所以要注意浇水。

腐叶土

把落叶腐烂成土。通气性佳，保水性强，保肥性好，能使土中的微生物活性化。

泥苔藓

将水苔等堆积的东西干燥后弄碎，混入土中，有中和偏碱性土的作用。

石灰

用于中和偏酸性的土。石灰成分的很多东西在撒放后不能马上使用，贝壳类有机成分的东西撒放后可以立即使用。

检查并调整酸度

第一次种植时，一般会利用庭院空间里原有的土壤来种植植物。步骤是拔掉想要种植植物部分的杂草，翻耕土壤。如果可以，使用工具箱和酸度计来检查土壤的酸性程度。在偏酸性时加入石灰，偏碱性时加入泥苔藓。如果种在花箱里，可以使用市场上销售的培养土。如果袋子包装显示含有基肥，就可以直接使用。也可以将腐叶土混合在市场上出售的培养土中使用。

小庭院建造之肥料的基本

只需要在培养土上种植，花草就可以生长。通过施肥，植物更容易开花，叶子更有光泽。了解这些基础知识非常有用。

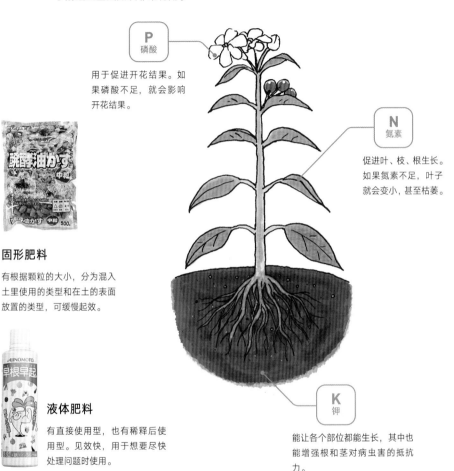

P
磷酸

用于促进开花结果。如果磷酸不足，就会影响开花结果。

N
氮素

促进叶、枝、根生长。如果氮素不足，叶子就会变小，甚至枯萎。

固形肥料

有根据颗粒的大小，分为混入土里使用的类型和在土的表面放置的类型，可缓慢起效。

液体肥料

有直接使用型，也有稀释后使用型。见效快，用于想要尽快处理问题时使用。

K
钾

能让各个部位都能生长，其中也能增强根和茎对病虫害的抵抗力。

根据性质和用途，分开使用

　　植物的生长离不开 3 种营养素：氮素、磷酸和钾。一般情况下，会选择均衡含有 3 种成分的产品，但如果有问题，应选择含有必要成分更多一些的产品。

　　肥料分为有机肥料和无机肥料（化学肥料）。有机肥料起效缓慢，无机肥料见效快。另外，刚种植完时施基肥，之后根据需要进行施肥叫作追肥。基肥中推荐牛粪、油渣等固体有机质配合肥料。追肥使用见效快的液体肥料。

培育小庭院的简单保养方法

合理培土和施肥，使植物在适合自身性质的环境中生长，就能以最低限度的护理保持庭院的整洁。

整枝

为了整理过长的枝条或更新旧的枝条，剪掉不需要的枝条。

剪枝

剪掉过长的茎，侧芽就会长出来，再次开花。

摘花

花开过后，在带花的茎叶上方剪下，或在地面连茎一起摘下来。

分球

挖出变大的球根，用手把围绕母球形成的子球分成几个。

插芽

将新芽剪成 5~6cm 的小段，去掉下面的叶子，插在盆中。在根部涂上发根剂。

分株

宿根草植株长大后挖出来，用手或剪刀从植株分开的地方进行分株。

为了保持健康状态进行维护

　　每日保养最重要的是浇水。如果在排水良好的土壤上种植，每天要浇一次水至浇透状态。在花箱或花盆里种植时，如果土壤经常潮湿会引起根部腐烂，所以要看干燥程度再浇水。这两种都是直接浇在植株根部。

　　花开完后，要抓紧摘除。如果一直放任不管，不仅外表不好看，其生长也会受到影响，还会遭受病虫害的侵袭。整理生长过度的植株，及为了增加开花数量而进行的剪枝，都是为了保持植株的健康。根据需要也要进行分株、分球、插芽等。

小庭院中需要注意的病虫害

虽然面积不大，但庭院也是大自然的一部分，无法完全避免病虫害的侵袭。早发现、早治疗才是关键。

主要害虫和应对方法

害虫名	发生时期	主要症状	对应处理办法
蚜虫	4—6月、9—10月	多生于新芽和叶子的背面等处，吸取植物的汁液使枝叶变脆弱。病毒和粪便致病。	避免密植，勤观察。由于害虫增加迅速，所以一发现就要刮除。使用杀虫剂会有一定效果。
介壳虫	常年	枝叶上有白色或灰色的类似贝壳的虫子，吸取植物的汁液使枝叶变脆弱。	改善通风，使用牙刷将虫子刷掉。使用杀虫剂提前预防有一定效果。
线虫	4—10月	肉眼看不见的蛔虫进入根组织内部，吸取营养。植物变弱，有的也会在植物根部生出虫包。	发现后根要焚烧，土和花箱要消毒。使用木醋液和土壤清洁剂有一定效果。
青虫、毛虫	4—10月	蝴蝶和蛾子的幼虫。害食植物的嫩叶和花朵。留下叶脉，在叶子上吃出洞，并迅速扩散。	一旦发现应立即扑杀。由于扑杀过程中会有接触或触碰，所以需要特别注意。使用杀虫剂有一定效果。
鼻涕虫、蜗牛	室外：3—11月 室内：常年	危害嫩叶、花蕾、果实等。	这类害虫喜欢潮湿的地方，所以要将花箱等放置于通风良好的地方。放一些啤酒或淘米水、引诱剂等，待害虫出现的时候，将其扑杀。
叶螨	4—10月	附着在叶子的背面，用肉眼很难看到，看起来像白色斑点或叶子收缩的样子。	通过改善通风，或者往叶上喷水来预防。早期发现早期消灭是关键，发生螨害后使用杀虫杀菌剂一定效果。

主要疾病和应对方法

疾病名	发生时期	主要症状	对应处理办法
赤星病	4—10月	院子里的树木、果树的叶子上长出了红色的斑点，叶子背面鼓起了绒毛。	注意通风，浇水时不要让水溅到叶子上，要浇在根部。一旦发现病症，立刻将叶子处理掉。
白粉病	4—11月	叶片表面长霉，像擦了白粉一样。	改善通风，避免午后浇水。去除发病的叶片，喷淋杀菌剂等。
黑斑病	4—10月	因为霉使叶子出现不规则黑斑点，不久叶子就会掉落。	改善通风，发病的叶要连枝去除。使用杀菌剂等会有一定效果。
枯萎病	4—10月	在土壤酸化、排水不好时容易发生。叶子从底部开始逐渐向上枯萎。	改善通风和排水，发生疾病后整株除去并处理周围土壤。使用杀菌剂等有效果。
软腐病	4—10月	细菌通过植物的伤口进入，腐蚀根部，释放出恶臭。	切断时使用干净的刀具。发病的植株要从根部去除进行处理。发病后再使用药物效果不佳。预防可喷淋农药杀菌剂。

在浇水的时候观察植株状态

　　首先从预防病虫害开始。每天浇水的时候，要确认叶子和花蕾有没有异常。特别是叶子的背面，要注意。病虫害多发生在叶片拥挤的地方。多年生草本植物最好在变得多湿的梅雨季节之前进行一次剪枝。仔细地摘花和去除枯叶都是预防的有效方法。另外，选苗时选择抗病虫害强的品种。选择结实的苗并在良好的土壤上栽种。在种植的时候把枯萎、受损的根去掉。

图鉴

一年生草本植物
Annual

播种后一年内开花、结果，然后枯死的植物被称为一年生草本植物。特点是生长快，花期长。花朵色五颜六色，带给人快乐。除了通过种子成熟掉落的方法增加数量以外，花开完后就要除去植株，然后种植下一季开花的一年生草本植物。

三色堇　Viola

菫菜科

种植时期
▶10—3月
花期
▶11—6月
花的颜色
▶红色、粉红色、紫色、蓝色、黄色等
植株
▶10~20cm

特征　三色堇的小朵类型。开很多花，可以观赏很长时间。也可移栽或吊篮。

培育方法的诀窍　喜欢阳光充足的地方和排水良好的土壤。开始开花后，每周施一次液肥。花枯萎了就摘花。

雏菊　Bellis perennis

菊科 / 别名雏菊、蝴蝶菊

种植时期
▶12—4月
花期
▶12—6月
花的颜色
▶红色、粉色、白色等
植株
▶10~20cm

特征　本来是多年生草本植物，但在日本很难过夏，被视为一年生草本植物。因为比较耐寒，所以能长时间欣赏花朵。

培育方法的诀窍　在阳光充足的地方培育。但不喜欢干燥，所以注意不要缺水。要避免极端低温和霜冻，花开完后要摘花。

琉璃苣　Borago officinalis

紫草科 / 别名琉璃苣莴苣、星星花

种植时期
▶3—4月、9—10月
花期
▶5—7月
花的颜色
▶蓝紫色、白色
植株
▶50~100cm

特征　在欧洲以具有利尿、镇痛效果的香草而闻名，嫩叶可制成沙拉。花可制成蜜饯食用。

培育方法的诀窍　不喜欢酸性土壤。秋天播种，春天植苗。通过种子成熟掉落在地上，也能生长得很好。在阳光充足、排水良好的地方可种植大株。

金盏菊 Calendula officinalis

菊科 / 别名金盏花、黄金盏

种植时期	**特征** 大朵多层的品种很多，也有
▶12—2月	开单层花的品种。
花期	
▶2—5月	**培育方法的诀窍** 留下花节，摘
花的颜色	去花梗，侧芽就会冒出来，然后陆
▶橙色、黄色	续开花。因为容易得白粉病，所以
植株	要确保通风良好。
▶20~60cm	

勿忘草 Myosotis sylvatica

紫草科 / 别名勿忘我、虾夷紫

种植时期	**特征** 别看它拥有柔软的外表和名
▶3—4月、9—11月	字，实际上格外结实。花的中心有
花期	黄色或白色的眼睛是其特征。通过
▶4—5月	成熟掉落种子自然生长，适合在花
花的颜色	坛里种植。
▶蓝色、紫色、粉色、	
白色	**培育方法的诀窍** 播种时，覆土
植株	要厚。虽然施基肥，但会影响开花
▶20~50cm	效果，所以在生长过程中不需要过
	度施肥。

马鞭草 Verbena

马鞭草科 / 别名美女樱

种植时期	**特征** 品种非常多，花的形状、颜
▶3—4月、9月	色、长度、大小也各不相同。也有
花期	高的宿根草类型。
▶5—10月	
花的颜色	**培育方法的诀窍** 喜日照充足、
▶红色、粉色、黄色、	排水良好的地方。开花期间，花需
紫色、白色	要采摘和追肥。因为容易发生白粉
植株	病，所以要仔细观察。
▶10~30cm	

撒尔维亚 Salvia

唇形科

种植时期	**特征** 在日本，红色的串儿红被大
▶4—6月	家所熟知，但品种多种多样。本为
花期	多年生草本植物，但不耐寒，可当
▶4—12月	作一年生草本植物种植。
花的颜色	
▶红色、白色、蓝色、	**培育方法的诀窍** 在向阳排水良
紫色等	好的地方培育。讨厌高温多湿，花开
植株	过之后进行剪枝，到了秋天就会以整
▶30~100cm	齐的姿态再次开花供人们欣赏。

矮牵牛　Petunia

茄科 / 别名朝颜

种植时期
▶4—6月
花期
▶5—10月
花的颜色
▶红色、粉色、紫色、黄色、蓝色、白色
植株
▶20~50cm

特征　园艺种类被陆续培育出来，花的颜色、大小、形状、扩散方式（直立、匍匐）也各不相同。

培育方法的诀窍　在进入梅雨前剪一次枝，会防止其过度伸长，也会生出很多侧芽，花数增加。近年来耐雨的种类在增多。

蓝蓟　Echium

紫草科 / 别名车前紫

种植时期
▶3—4月、9—10月
花期
▶5—7月
花的颜色
▶粉色、紫色、蓝色、白色
植株
▶30~90cm

特征　开很多杯状的花。花蕾为粉色，绽放后变成蓝色，样子很美。

培育方法的诀窍　喜欢偏碱性的土壤，所以在种植前用石灰中和。讨厌过湿，所以要保持生长环境干燥。肥料只用基肥，不需要追肥。

星花福禄考　Phlox drummondii

九州花葱科 / 别名小天蓝绣球

种植时期
▶9—10月
花期
▶6—9月
花的颜色
▶粉色、紫色、白色、复色
植株
▶20~25cm

特征　花瓣上有棱角，看起来像星星。同样的品种也有圆形花瓣的。

培育方法的诀窍　生长环境要干燥。因为接二连三地开花，为了预防疾病，要勤摘花。

脐果草　Omphalodes

紫草科

种植时期
▶3—4月、10—11月
花期
▶4—6月
花的颜色
▶蓝色、紫色、白色
植株
▶30~40cm

特征　白色的小花竞相开放，与草原风格的花坛交相辉映。因种子成熟掉落而使株数增加。

培育方法的诀窍　使用排水良好的土壤，不要让其干旱。到开花为止的生长期内每月施液肥 3~4 次。

法国金盏花　Tagetes patura

菊科 / 别名孔雀草

种植时期
▶4—6月
花期
▶5—11月
花的颜色
▶红色、橙色、黄色、白色、盐色
植株
▶20~50cm

特征　从美国经由法国传入的品种。小朵的花瓣也适合盆栽。花瓣有单层和多层。

培育方法的诀窍　很结实，但要注意过湿和肥料（特别是氮）过多。剪枝后等到秋天，又会重新开放。

百日菊　Zinnia

菊科 / 别名百日草

种植时期
▶4—6月
花期
▶5—11月
花的颜色
▶红色、橙色、黄色、粉色、紫色、白色、多色
植株
▶15~100cm

特征　花期很长。花色丰富，有单层花瓣和多层花瓣，株高也从低到高应有尽有。

培育方法的诀窍　基本上比较结实，但是过于干旱植株会变弱，所以有枯萎的迹象时要浇充足的水。闷热的时候要保证通风良好。

矢车菊　Centaurea cyanus

菊科 / 别名蓝芙蓉

种植时期
▶3—4月、10—11月
花期
▶4—6月
花的颜色
▶粉色、紫色、白色、黄色
植株
▶30~100cm

特征　从野生种类到园艺种类，品种很多。长长的茎尖上开着清秀的花。

培育方法的诀窍　有点儿讨厌酸性，在种植前用石灰中和一下。肥料过多会长得太高。必要时可以加上支柱。

麦仙翁　Agrostemma

石竹科 / 别名麦毒草、卖仙翁

种植时期
▶3—4月、10—12月
花期
▶5—6月
花的颜色
▶粉色、白色、紫色、红色
植株
▶60~90cm

特征　开着大朵花朵的细茎随风飘动的样子很美。长着像麦子一样细长的叶子。

培育方法的诀窍　如果日照和排水良好，即使不施肥也能成长。如果把它种在花坛里，每年都有掉落的种子生长出美丽的花。

多年生草 · 宿根草

perennial plant

多年都在同一个地方连续开花。虽然不用费时打理，但是花期很短，所以彩叶植物和一年生草本植物搭配一下比较好。多年生草本植物中，冬季地上部分枯萎，到了春天发芽开始生长的叫宿根草。种植球根并欣赏其花朵的这种植物被称为球根植物。

西洋花荵　Polemonium

花荵科 / 别名花荵

种植时期
▶3—4月、9—10月
花期
▶5—7月
花的颜色
■紫色、白色等
植株
▶40~50cm

特征　长长的茎上长着几朵小花。叶片呈羽毛状，给花坛带来变化。

培育方法的诀窍　选择日照充足、排水良好的土壤进行培育。夏天炎热的时候，半阴的地方最好。花开完后连茎一起剪掉。

天竺葵　Geranium

牻牛儿苗科 / 别名牻牛儿苗

种植时期
▶3月、10月
花期
▶5—8月
花的颜色
■紫色、白色等
植株
▶10~60cm

特征　世界上自然生长野生品种有400多种，而园艺品种也在增加。楚楚动人的株姿在自然风的花坛中颇受欢迎。

培育方法的诀窍　耐寒，但不喜过湿和干旱。注意不要潮热。花开过后进行剪枝。每隔3~4年分一次株。

大戟　Euphorbia characias

大戟科

种植时期
▶3—5月、9—11月
花期
▶3—6月
花的颜色
■黄绿色
植株
▶50~120cm

特征　看起来像花苞（包裹着花苞的叶子）。其中的小花呈圆柱状。

培育方法的诀窍　在阳光、排水、通风良好的地方培育。花开过之后要进行剪枝，但要注意切口流出的液体可能会导致皮疹。

翠雀花　Delphinium

毛茛科 / 别名飞燕草

种植时期
▶4—5月、9—10月
花期
▶5—6月
花的颜色
▶蓝色、紫色、粉色、白色、复色
植株
▶20~150cm

特征　希腊语的"海豚"是其名字的由来，灵动的大花穗给人留下深刻的印象。花瓣有单层和多层的。

培育方法的诀窍　不喜欢酸性土，要进行中和土壤。长得高的要在种植时留出充足的株距。花开完后经过剪枝，就会再次开花。

耧斗花　Columbine

毛茛科 / 别名耧斗菜

种植时期
▶2—4月
花期
▶4—6月
花的颜色
▶紫色、粉色、白色、黄色、红色
植株
▶20~60cm

特征　5—6月，花茎伸展，花向下开放。园艺品种和改良品种很多，花色丰富。

培育方法的诀窍　不耐热，适合生长在落叶树下。不经过冬天的低温就不会开花，所以花盆要注意放置位置。

暗色老鹳草　Geranium phaeum

牻牛儿苗科

种植时期
▶3月、10—11月
花期
▶4—6月
花的颜色
▶巧克力色
植株
▶50~80cm

特征　原本是欧洲的高山植物。是天竺葵的一种，在温暖的地方也容易生长。花朵小。

培育方法的诀窍　用向阳和排水良好的土壤培育。不喜夏天的炎热，所以在半阴的落叶树下种植比较好。大约每 3 年秋天分一次株。

鸢尾　Iris

鸢尾科

种植时期
▶10—11月
花期
▶4—5月
花的颜色
▶紫色、黄色、白色、青色、复色
植株
▶50~70cm

特征　五颜六色的花朵很绚丽。与溪荪不同，要在干燥的地方生长，花箱栽培也可以。

培育方法的诀窍　不喜酸性土，在种植前要中和土壤。由于植株会变大，所以种植时要间隔充分。在阳光和通风良好的地方培育。

筋骨草　Ajuga reptans

唇形科 / 别名西洋金疮小草

种植时期	特征 常绿，叶子也美丽，也可作
▶3—4月、10—11月	为地被植物使用。有耐阴性，因此也
花期	可在阴影花园种植。
▶4—6月	
花的颜色	培育方法的诀窍 喜欢有保水性的
蓝紫色、粉色、	土地，但是要注意闷热。植株不断生
白色等	长，如果生长得过长，则需在春季或
植株	秋季进行分株。
▶10~20cm	

毛剪秋罗　Lychnis coronaria

石竹科 / 别名剪春罗

种植时期	特征 在没有花的时期，即使只有
▶3—4月	银色的茎和叶也能欣赏。那挺拔的植
花期	株引人注目。
▶6—7月	
花的颜色	培育方法的诀窍 在阳光下干燥地
白色、粉色、红色、	培育。由于是种子自然掉落生长，所
复色	以越长越多。花开后剪枝，入冬前贴
植株	着地面剪去叶茎。
▶60~80cm	

寺冈蓟　Cirsium japonica

菊科

种植时期	特征 野蓟经过改良的园艺品种，
▶4—5月	深红色和粉红色令人印象深刻。可以
花期	让花坛变得立体。
▶5—9月	
花的颜色	培育方法的诀窍 从春天到夏天要
红色、粉色	浇足水，从秋天开始要控制浇水量。
植株	当茎长出来的时候，放上支柱。
▶100~150cm	

肺草　Pulmonaria saccharata

紫草科

种植时期	特征 花蕾时期是粉色，开花的时
▶3—4月、9—10月	候变成蓝色。具有耐阴性，也有带斑
花期	点的叶子，即使在阴凉的庭院也能生
▶4—6月	长得很好。
花的颜色	
紫色、粉色、白色	培育方法的诀窍 不喜炎热和干
植株	旱，所以最好种植在落叶树下。植株
▶10~40cm	长大时，在春天或秋天进行分株。

麝香锦葵　Malva moschata

锦葵科 / 别名麝香葵

种植时期
▶3—4月、10月
花期
▶7—9月
花的颜色
▶粉色、白色
植株
▶30~60cm

特征 在笔直的茎上，开着像纸做的花。叶子有淡淡的"麝香"的香味。

培育方法的诀窍 要在阳光充足、排水良好的地方培育。耐寒，但冬天地面上部会枯萎，所以要齐齐地切断茎花。

赛菊芋　Heliopsis helianthoides

菊科 / 别名日光菊

种植时期
▶3—4月
花期
▶6—10月
花的颜色
▶黄色
植株
▶100~120cm

特征 有单层花瓣和多层花瓣，单层花瓣的更强健，更容易通过种子飞落在地增加数量。

培育方法的诀窍 在阳光充足、排水良好的地方培育。容易倒，所以枝茎长高的话要放支柱。剪枝后进入秋天又会重新绽放。

山桃草　Gaura

柳叶菜科 / 别名白蝶草

种植时期
▶10—11月
花期
▶4—10月
花的颜色
▶白色、红色、粉色、复色
植株
▶30~100cm

特征 就像白蝶草的名字一样，像蝴蝶展翅般高雅的花。在很长一段时间里，细细的茎上不断地开花。

培育方法的诀窍 如果日照和排水良好，施些基肥就能长得很好。长得高的品种适当地剪枝比较好。

向日葵　Helianthus

菊科 / 别名宿根向日葵

种植时期
▶3—4月、10—11月
花期
▶7—9月
花的颜色
▶黄色
植株
▶60~200cm

特征 就像很多小小的向日葵。叶子细长，放任不管就越长越茂盛。

培育方法的诀窍 在向阳、排水良好的地方培育。不施肥，为了防止过茂，株高15~20cm时进行摘心即可。

半边莲 Lobelia sessilifolia

桔梗科 / 别名蓝花半边莲、山梗菜

种植时期
▶4—5月
花期
▶7—9月
花的颜色
▶紫色、白色、粉色
植株
▶30~60cm

特征　茎伸得很长，花朵密集开放，是值得一看的花。除了野生品种，还有许多园艺品种。

培育方法的诀窍　在光照充足的地方，充分浇水即可。控制肥料。虽然是多年生草本植物，但种子飘落后数量也会增加。

荷包牡丹 Dicentra scandens

种植时期
▶4月、9月
花期
▶6—8月
花的颜色
▶白色、黄色
植株
▶30~80cm

特征　生长在尼泊尔至中国西部。黄色的花绕着纤细的花茎。

培育方法的诀窍　在半阴处通风良好的地方培育。冬天地上部分枯萎，但地下的根是活的。在寒冷地区，冬天要把根挖出来。

铁线莲 Clematis

毛茛科 / 别名铁线牡丹

种植时期
▶4—5月、9—10月
花期
▶8—10月
花的颜色
▶白色、紫色、粉色
植株
▶50~150cm

特征　有助于点缀狭小的空间。有数百个园艺品种，不仅花的颜色和形状不同，花期和性质也各不相同。

培育方法的诀窍　虽然喜欢晒太阳，但要避免盛夏的直射阳光。在容易干旱地方的株根需要覆盖。由于品种不同，修剪方法也不同，所以修剪之前需要做好确认。

大丽花 Dahlia

菊科 / 别名东洋菊

种植时期
▶4—5月
花期
▶6—8月
花的颜色
▶粉色、红色、白色、黄色、紫色
植株
▶10~30cm

特征　在夏天的庭院里映照出的鲜明的颜色很有魅力。据说园艺种有数万种，花的形状、颜色丰富。

培育方法的诀窍　在向阳和排水良好的地方，不需要追肥。在寒冷地方，秋天挖起球根，春天分球种植。

蝇子草 Silene

石竹科

种植时期	特征
▸3月、11月	

特征 蝇子草长得很高，是多年生草本植物。花的颜色和形状各种各样。照片中的品种，是气球状的鼓囊囊的可爱的形状。

种植时期
▸3月、11月
花期
▸8—9月
花的颜色
▸紫色、白色、粉色、蓝色
植株
▸40~100cm

培育方法的诀窍 虽然喜日照，但讨厌炎热，所以炎热地方种植时要避开夕照日。

小白菊 Tanacetum parthenium

菊科 / 别名纽扣菊、玲珑菊

种植时期
▸2—6月
花期
▸4—6月
花的颜色
▸黄色
植株
▸100cm

特征 作为特色香草被熟知，具有可爱姿态的同时拥有独特的香味，也具有不让虫子靠近的特点。

培育方法的诀窍 结实，从种子开始就能很好地成长。为了不让植株因夏天的炎热而疲劳，建议秋季种植。讨厌过湿，所以不要浇水过多。

米迦勒雏菊 Michaelmas daisy

菊科 / 别名宿根高山紫菀

种植时期
▸2—3月
花期
▸4—10月、12—2月
花的颜色
▸白色、紫色、粉色、红色、黄色等
植株
▸1~5m（藤蔓长度）

特征 初学者也容易培育。开着很多颜色漂亮的小花，与花箱和庭院里的植物交相辉映。

培育方法的诀窍 在向阳、排水良好的地方培育。容易长大，所以在梅雨前剪枝的话株高会得到抑制，开花的效果也会变好。

香石竹 Dianthus

石竹科 / 别名石竹花

种植时期
▸3—5月
花期
▸5—11月
花的颜色
▸红色、白色、粉色、橙色、黄色
植株
▸20~150cm

特征 仅原种就有数百种，从中培育出了非常多的园艺品种。花姿、花色多种多样。

培育方法的诀窍 在阳光充足的地方，培育时要浇足水。一边观察开花情况和叶子的颜色一边施肥。

新风轮 Calamintha

唇形科 / 别名荆芥新风轮

种植时期
▷3—4月
花期
▷5—9月
花的颜色
白色、粉色、紫色
植株
▷30~45cm

特征 是一种香草，叶茎有薄荷的香味。根据品种不同，花的颜色和大小也不同。

培育方法的诀窍 土地种植的情况下，为了植株长得更大，要留株距分开种植。干旱期在地里种植也要浇水。开花的时候要追肥。

银杯鸡冠蔓锦葵 Anoda cristata

锦葵科 / 别名雨久花

种植时期
▷2—6月、9—10月
花期
▷6—11月
花的颜色
紫色、白色、蓝色
植株
▷60~120cm

特征 虽然花只开一天，但会连续开，因此赏花时间长。

培育方法的诀窍 在有阳光、排水好的地方培育。如果生长没有问题，就不需要追肥。在寒冷地区可以像一年生草本一样播种。

绣球 Phlox paniculata

夹竹桃科 / 别名花魁草、夹竹桃

种植时期
▷2—4月
花期
▷6—10月
花的颜色
紫色、白色
植株
▷70~120cm

特征 许多朵花集中在细茎的末端，像半球一样开放。作为夏天花坛的亮点。

培育方法的诀窍 不喜酸性土，所以先用石灰中和一下。花开完后剪枝，会再次开花。由于植株长得大，所以需要3年左右进行分株。

匍枝毛茛 Ranunculus repens

毛茛科 / 别名伏生毛茛

种植时期
▷3—5月、9—11月
花期
▷4—5月
花的颜色
黄色
植株
▷15~30cm

特征 小小的多层瓣的花依次开放。匍匐茎增多生长旺盛。

培育方法的诀窍 半阴的地方也能生长，适宜水边等有保水性的土里培育。不耐高温，喜湿，所以夏天也要浇水。过长的茎要间苗。

百合　Lily

百合科

种植时期
▶3—4月、10—11月
花期
▶4—8月
花的颜色
▶白色、橙色、紫色、红色、黄色
植株
▶60~200cm

特征　除了在各地野生的以外，园艺品种也很多。大朵百合把初夏的花坛装点得绚丽多彩。

培育方法的诀窍　秋天种植球根比较简单。种类不同，对阳光的喜好也不同，要注意。长得高的、大朵的要尽早放上支柱。

随意草　Physostegia virginiana

唇形科 / 别名棉铃花、虎尾花

种植时期
▶3—4月、9—10月
花期
▶7—9月
花的颜色
▶粉色、白色、紫色
植株
▶40~100cm

特征　因花形似虎尾而得名。淡色的花朵点缀着盛夏的花坛。

培育方法的诀窍　在阳光充足、稍潮湿的地方培育。注意肥料过多的话会光长高。花开完后进行剪枝，就会再次开放。

琉璃蓟　Echinops ritro

菊科 / 别名硬叶蓝刺头

种植时期
▶9—11月
花期
▶7—8月
花的颜色
▶紫色、白色
植株
▶70~100cm

特征　凉爽的夏季里开蓬蓬一样的球形花。也可以做成干花。

培育方法的诀窍　不喜酸性的土，所以在种植前用石灰中和。因为怕热，所以种在夕照日照射不到的地方。花开完后割茎追肥。

蜀葵　Alcea rosea

锦葵科 / 别名戎葵

种植时期
▶4—10月
花期
▶7—8月
花的颜色
▶白色、红色、粉色、黄色、黑色
植株
▶90~200cm

特征　从梅雨时期开始迅速长高，从下开始依次开花，是象征夏天的植物之一。

培育方法的诀窍　在阳光充足、排水良好的地方培育。长高之前给植株根部施固体肥料。花开完后除去花梗，全部开完花后剪去花茎。

肾形草 Heuchera

虎耳草科 / 别名矾根

种植时期
▶3—5月、10—11月
花期
▶5—7月
叶子的颜色
▶根据绿、黄、红等品种而不同
扩展方法
▶每株植株都变大

特征 叶子重叠紧凑地生长。即使不处理也保持着几乎一样的草姿。

培育方法的诀窍 耐热、耐冷、耐干燥，但根据品种的不同，叶片会被晒伤，所以要注意。

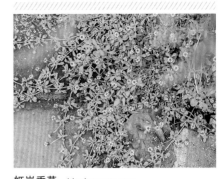

姬岩垂草 Lippia canescens

马鞭草科 / 别名过江藤

种植时期
▶4—7月
花期
▶5—9月
叶子的颜色
▶绿色
扩展方法
▶向旁边　旺盛地扩散

特征 粉红色的圆圆的花很可爱。不用处理就能不断扩大生长，也有利于避免杂草丛生，但要注意不要扩得太大。

培育方法的诀窍 虽然适合作为地被植物覆盖地面，但由于其旺盛程度足以驱逐其他植物，所以要注意种植场所。

常春藤 Hedera helix

五加科

种植时期
▶4—9月
花期
▶11月
叶子的颜色
▶晶莹的绿色，也有斑纹的
扩展方法
▶攀缘性攀爬生长

特征 作为观叶植物也很有名。叶子像枫树一样，开着很多小花。

培育方法的诀窍 耐干旱，但是太干的话叶子会掉，所以表面干了需要浇水。在背阴处也能培育。

富贵草 Pachysandra terminalis

黄杨科 / 别名长青草

种植时期
▶3—11月
花期
▶4—5月
叶子的颜色
▶除了墨绿色，也有带斑点的
扩展方法
▶草的姿态不乱，低而浑厚地展开

特征 常绿、肉厚的叶子。有斑点的富贵草能让周围变得明亮。常作为地被植物来使用。

培育方法的诀窍 结实，不用怎么养护也能很漂亮地扩散生长。半阴是最适合的地方。用排水良好、具有保水性的土培育。

松叶景天　Sedum mexicanum

景天科 / 别名佛甲草

种植时期
▶ 3—5月、9—10月
花期
▶ 4—6月
叶子的颜色
▶ 绿色→红褐色随季节变化
扩展方法
▶ 匍匐在地面上展开

特征　要在特别严格的生长环境中培育。春天开的黄色的花朵也很可爱。

培育方法的诀窍　喜日照充足、排水良好的场所。如果盆栽，要混合河沙等排水良好的土。在贫瘠的土地上也能生长。

花叶玉簪　Hosta

百合科 / 别名波叶玉簪

种植时期
▶ 2—3月、9—10月
花期
▶ 6—9月
叶子的颜色
▶ 有条纹的绿色。也有带斑点的
扩展方法
▶ 从株根呈放射状扩散

特征　有大型、中型、小型。叶子的形状和颜色根据品种而不同。茎上长着很多花。

培育方法的诀窍　半阴是最适宜的地方。在背阴处生长。冬天之前把枯叶去掉。土壤肥沃则不需要特别施肥。

曲铜 "缨穗薹草"　Carex comans "Bronze Curls"

莎草科

种植时期
▶ 3—5月、9—11月
花期
▶ 3—5月
叶子的颜色
▶ 像草枯萎后的颜色一样
扩展方法
▶ 每株植株都变大

特征　叶片蓬松茂盛，细细的叶子随风摇曳，姿态优美。能成为庭院的亮点。

培育方法的诀窍　经过阳光照射，显色变紫。定期清除老叶。分株的时候如果处理不慎也会枯萎。

花叶山菅兰（带斑纹）　Dianella ensifolia

百合科 / 别名山菅

种植时期
▶ 3—5月、10—11月
花期
▶ 5—7月
叶子的颜色
▶ 有光泽，有的品种叶子边缘带斑纹
扩展方法
▶ 一株变大

特征　开星形的花，然后结果，是观赏植物，但全草有毒，茎部毒性强，需注意。

培育方法的诀窍　在向阳和排水良好的地方培育。表土干了要充分浇水。注意盛夏时节的烧叶、严寒时节的落叶。

玫瑰花
Rose

很多人都想，如果有庭院的话一定要种玫瑰。这里介绍在小庭院中与其他植物的绿色也很搭配的玫瑰。在墙壁、围墙、栅栏和拱门上爬行的玫瑰自不必说，也可以在花坛或组合盆栽里种植立式玫瑰。

格蕾丝 Grace

花的颜色
▶杏色
花径
▶中
开花方式
▶四季开花
品种诞生
▶2001年英国

特征 木立性，有像小菊一样细的花瓣。花朵开得很好，像绞成一团。一直开到秋天。香味很浓。

适合的场所 花坛、墙边的空间、花盆

雷杜德 Prix P.J.Redoute

花的颜色
▶粉色
花径
▶中
开花方式
▶反复绽放
品种诞生
▶2010年法国

特征 半木立性，中心杏色，外侧淡粉色渐变。随着开花时间的流逝，颜色也越来越淡。像茉莉花和铃兰等混合的香味。

适合的场所 墙面、藤蔓架

芭蕾舞女 Ballerina

花的颜色
▶适中粉色
花径
▶小
开花方式
▶反复开放
品种诞生
▶1937年英国

特征 攀缘蔷薇小朵单层开花。周围是粉色，中心是白色的可爱色调。开花多。叶子是浅绿色的，有光泽。抗病性和耐寒性强，初学者也容易培育。

适合的场所 拱门、窗边、墙面

邱园 Kew Gardens

花的颜色
▶纯白色
花径
▶大
开花方式
▣四季开花
品种诞生
▶2009年英国

特征 半木立性，花蕾呈粉红色，随着开花逐渐变成纯白色。单瓣开，几乎没有刺。抗病能力强，容易培育。

适合的场所 墙面、花盆、花坛

蓝色狂想曲 Rhapsody in Blue

花的颜色
▶青紫色
花径
▶中
开花方式
▣四季开花
品种诞生
▶1999年英国

特征 半攀缘性的多层花瓣，树势强。有辛辣的香味。气温高时颜色会褪色，半阴处则以鲜艳的颜色绽放。

适合的场所 围栏、方尖碑、花坛、花盆

白梅蒂朗 White Meidiland

花的颜色
▶纯白色
花径
▶中
开花方式
▣四季开花
品种诞生
▶1985年法国

特征 半攀缘性，数朵簇生。因为花开得好，花朵自然脱落，所以不用摘花。半阴也能生长，也能作为地被植物种植。

适合的场所 低矮的围栏、方尖碑

帕特奥斯汀 Pat Austin

花的颜色
▶含有铜色的橙色
花径
▶中
开花方式
▣四季开花
品种诞生
▶1995年英国

特征 半攀缘性，带有铜色的橙色的花朵很美丽。颜色的浓淡随着光线的变化而变化。到秋天不断地开花。在院子里成为亮点。植株紧凑，所以盆栽也可。

适合的场所 花坛、花盆

树木

Tree

根据冬天叶子是否脱落，分为落叶树和常绿树。按照树的高度，高的 (3~5m) 被称为中乔木，小的被称为灌木。选择适合庭院空间的树木是很重要的。

丁香树
Ceanothus

丁香科 / 别名加利福尼亚丁香，落叶灌木

种植时期
▶2月
花期
▶4—6月
叶的颜色和形状
▶有光泽、细长
树高
▶1~3m

特征 有香味的蓝色和粉色的花很美丽。树型也很整齐，如果种植得紧凑，就能与小庭院相匹配。

培育方法的诀窍 在通风、干燥的地方种植。要避免冬季剪枝，否则会使花芽脱落，因此应在开花后进行。如果花形好就不需要施肥。

加拿大唐棣
Amelanchier canadensis

蔷薇科 / 别名美国蔷薇，落叶中木

种植时期
▶12—3月
花期
▶4月
叶的颜色和形状
▶绿色的小叶，秋天变红叶
树高
▶1.5~3m

特征 白色的花在 6 月结出红色的果实，红叶也很美，在小小的庭院里也是乐趣颇多的果树。

培育方法的诀窍 在不直立的情况下，如果出现裂痕，要尽早间苗。12—2 月期间，一边观察整体的平衡，一边修剪不需要的枝条和过长的枝条。

光蜡树
Fraxinus griffithii

木犀科 / 常禄中 • 高木

种植时期
▶3月、9—10月
花期
▶5—6月
叶的颜色和形状
▶绿色小叶
树高
▶3~6m

特征 常绿给人明快的印象。是打造自然庭院的珍宝。

培育方法的诀窍 如果在小庭院里种植，为了避免过于徒长，要在 4 月或 12 月进行修剪。如果树势较强，可加强修剪。

锦带花
Weigela hortensis

忍冬科 / 落叶灌木

种植时期
▶2月
花期
▶5—6月
叶的颜色和形状
▶明亮的绿色，背面密生的毛看起来是白色的。椭圆形
树高
▶2~3m

特征 粉红色的花开满枝头，与新绿覆盖的庭院相映成趣。也可作为树篱种植。

培育方法的诀窍 喜日照充足、排水良好的土地。生长迅速，所以徒长的枝条和旧的枝条要在2月左右修剪。

北美鼠刺
Itea virginica

鼠刺科 / 落叶灌木

种植时期
▶2月
花期
▶5月
叶的颜色和形状
▶明亮的绿色。尖端是椭圆形
树高
▶1~2m

特征 可以欣赏到穗状盛开的白花和秋天的红叶。即使放任其自然生长，树型也会紧凑地集中起来。

培育方法的诀窍 在落叶期的2月左右从植株的根部伸出很多枝条，在不拥挤的程度上进行间苗。肥料过多枫叶会变得不美，所以要控制施肥量。

乔木绣球
Hydrangea arborescens 'Annabelle'

虎耳草科 / 落叶灌木

种植时期
▶11—4月
花期
▶5—7月
叶的颜色和形状
▶比其他的绣球花绿色浅，柔软。叶柄也细
树高
▶1~1.5m

特征 雪白的大花房映衬着绿色。黄绿→白→黄绿的颜色变化，枯萎了也美丽。

培育方法的诀窍 2月或开花后施肥。随着生长，枝条会拥挤，所以每3年要大幅修剪一次。花芽是在春天形成的，所以即使开了花也没关系。

忍冬
Honey suckle

忍冬科 / 别名金银花，半常绿蔓性灌木

种植时期
▶3—4月
花期
▶6—9月
叶的颜色和形状
▶绿色，细长的小叶
树高
▶4~6m（藤的长度）

特征 开很多筒状的弯曲的花，其形状很独特。颜色可爱，还有甜甜的香味。

培育方法的诀窍 将其引导向围栏或拱门上。地栽则不需要浇水，但是炎热时期可以在植株上撒上腐叶土。

打造小庭院

必备词汇表

矮性
进行品种改良将植株高度变矮。

斑纹
叶子或花瓣、茎等上面有不同颜色的斑纹样，或者斑纹品种。

半日阴
指一天当中仅仅数小时有阳光照射的地方、漏叶光影照射到的地方等明亮的阴凉处。

草莓花盆
本来是为草莓栽培用制作而成的，侧面有口袋，混栽植物培育。

常绿树
一年四季都持续长叶子的树木。仅在新芽长出的地方叶子脱落。

抽薹
开花的茎迅速生长。为了开花，营养集中，叶子枯萎。

地被植物
为了遮盖泥土而种在地面上的攀缘性低矮植物。

低木
指树高在 1.5m 以下的树木。

球根植物
多年生草本植物中，具有在地下储存养分的球根的植物，有休眠期。

堆肥
将落叶、稻草、牛粪等发酵、成熟做成的。因为不腐熟的东西会伤根，所以要用完全腐熟的东西。

多彩叶
颜色为红色、黄色、银色、带斑点等，拥有除绿色叶子以外的美丽叶子的植物。

多年生草本植物
多年生长的植物。仅指在冬天地面部分不会枯萎的植物。

方尖碑
塔形构造物。用于攀缘性植物等交织生长。

防草布
为了防止杂草丛生所铺设的遮光性的布。除了用于盖住土壤以外，也可以铺在砾石的下面。

肥料不足
肥料不够，植物生长态势不好或者不爱开花的状态。需要适当追肥。

分株
主要是为挖出宿根草根，切成段来促进其生长和预防老化。

符号树
作为庭院中心的令人印象最为深刻的树木。多选择有高度的树。

覆盖
为了防止干燥、防寒、防草等，在植物的株身上撒上稻草、落叶、堆肥、树木的碎屑等。

高木
指树高超过 5m 的树木，庭院中 3m 左右的树木也称为高木。

格子栅栏
格子状的栅栏。许多情况下其作用与棚架一样。

根腐烂
指浇水或施肥过多，或者根部周围透气性差，导致根部腐烂。

拱门
呈弓形的门，使攀缘性植物聚拢生长使其作为庭院的亮点。

花箱
大一点儿的花盆或者种植箱，指种植植物的容器。

花园小屋
指设置在庭院里的小屋。

化学肥料
是化学合成的无机肥料，含有多种化学成分。

化妆砂
覆盖庭院和花盆表面的装饰用沙子。除了美观之外，还有防止干旱和杂草生长的作用。

基枝
从树木的根部长出来的不规则的嫩芽。不需要的时候除去，要立株时就让其生长。

基肥
播种或植苗时事先施加的肥料。使用缓效性肥料以达到效果长久的目的。

剪枝
剪断过长的枝和茎，促进生长，调整树姿。

立株
从植株根部长出的多条树干、树茎、树枝。

落叶树
秋天叶子落下度过冬天，次年春

天长出新芽的树木。其许多红叶、黄叶可供人们欣赏。

藤蔓架
指为了让攀缘性植物缠绕在上面生长的构造物。

木醋液
木炭或竹炭在燃烧时产生的水蒸气及烟，冷却后形成的液体。在选择时要选纯度高的。

攀缘性植物
不能独立生长的细茎缠绕在其他植物或结构上的植物。

培养土
事先将赤玉土和腐叶土等混合起来的植物栽培用的土。适合初学者。

盆栽
指将通过播种方式长出的秧苗移植到大的花盆中。另外，也指将庭院中直接种植的植物转移至花盆中。

棚架
让植物缠绕生长的栅栏。立式的较多。

匍匐茎
指沿地面方向生长的茎。即便剪断，也会变成一株独立的植株生长。

球根
将植物从盆或地面挖出时，包括一起挖出来带的土壤在内，根部周围的部分。

缺水
植物水分不足的状态。植株枯萎或叶子枯萎。

树篱
在庭院和道路等的边界上，用植物做成的篱笆。

树姿
指植物的整体形态。

四季开花
玫瑰和铁线莲等花，不限于一个季节，可以多次开放。

碎石
一种边长约 10cm 的立方体石材。适合铺设小路时使用。

抬高苗床
将砖块或石头垒高，在比地面高的地方制作的花坛。

下草
在树木和高大植物的根部种植的花草。在阴凉处、半日阴处也能生长的植物。

宿根草
多年生草本植物，夏天和冬天在地上生长的部分枯萎后休眠。

悬挂
吊篮的简称。指篮子状的花盆中植入植物。

液肥
液体肥料的简称。虽然见效快，但持续性可低，需要追肥。

一年生草本植物
从播种到发芽、生长、开花、结果，直到枯萎，在一年内完成的植物。

移栽
把幼苗栽在花盆、花箱、庭院、田地里。

引道
从用地入口到玄关的通道。在小庭院里做成曲线的形状来表现进深。

引导
将植物的蔓或茎固定到构造物等上面，调整其生长和形状。

有机质肥料
通过牛粪、油渣、骨粉等来自动植物身上的原料制作而成的肥料。其缓效性可使效果长久，适合当成基肥。

愈合剂
剪枝时，在剪口处涂抹的药剂，防止切口进入细菌和雨水等。

园艺品种
由原种经过人工杂交而成的植物。

杂木
不作为建筑材料使用的树木，大多是落叶阔叶树，给庭院增添了风情。

摘花
指将开完花的花茎整个摘取下来。如果放任不进行摘取，植株会因消耗营养而发生疾病。

摘心
将长得很长的主枝尖端摘掉，抑制植物长得过高，进而使其能更好地开花。

中木
指的是树高 3m 左右的树木。庭院中不足 1.5m 的树木也称为中木。

种子掉落
成熟的种子自然掉落。如果环境良好，就会直接在那里继续发芽生长。

株距
指为了保持良好的采光与通风，种植植株时株与株之间的间隔。

追肥
植物生长过程中施的肥料。根据用途不同，分别使用速效性和缓效肥。

1　　　**2**　　　**3**

一年生草本植物

春天的花坛的土壤制作

多年生草本植物・宿根草　球根植物

基肥　　移栽・分株

防寒对策

树木

落叶树的种植・移栽

落叶树的剪枝

玫瑰

栽种大苗

冬天的剪枝

攀缘性玫瑰的引导

冬季施的肥料

插枝

4　　　　**5**　　　　**6**

春天播种花草的播种　　春天播种花草的定植·移植　改成夏天花坛的样子

追肥　· · · ·

栽种花苗

除草　· · · ·

病虫害对策　· · · ·

追肥　　多年生草本植物的剪枝

盆栽宿根草的移栽　　夏秋种植球根的挖出

夏季种植球根的栽种　· · · ·

春季种植球根的栽种

除草

病虫害对策　· · · ·

常绿树的栽种·移栽

常绿树的剪枝

落叶树的插枝　　常绿树的插枝　　追肥　· · · ·

病虫害对策　· · · ·

新苗的栽种

去芽　　开花后的剪枝

施肥

插枝　· · · ·

病虫害对策　· · · ·

茎叶处理　· · · ·

	7	8	9

秋季播种花草的撒种

一年生草本植物

追肥

除草

病虫害对策

多年生草本植物·宿根草 球根植物

降暑对策

夏季种植球根的栽种

除草

病虫害对策

树木

常绿树的插枝

追肥

病虫害对策

夏季的剪枝

夏季的追肥

玫瑰花

插枝

病虫害对策

病虫害对策

冬季至夏季开花的花苗栽种

秋季播种花草的定植·移植

春天种植球根的挖出　　宿根草的移栽·分株

秋天种植球根的栽种

防寒对策

大苗的栽种

冬季的剪枝

攀缘性玫瑰的引导

冬季施的肥料

插枝

※ 时间仅供参考。根据植物的种类和地区不同，时间会有所不同。

图鉴的看法

A —— 西洋花荵 Polemonium

B —— 花荵科 / 别名花荵

C —— 种植时期
▶3—4月、9—10月

D —— 花期
▶5—7月

E —— 花的颜色
▶紫色、白色等

F —— 株高
▶40~50cm

特征 长长的茎上长着几朵小花。 —— G
叶片呈羽毛状，给花坛带来变化。

培育方法的诀窍 选择日照充足、 —— H
排水良好的土壤进行培育。夏天
炎热的时候，半阴的地方最好。
花开完后连茎一起剪掉。

A. 植物名
记载了通常所叫的名称。" "内是品种名。

B. 科名和别名
记载了植物所属的科名以及通常被熟知的植物名。

C. 种植时期
以日本关东地区以西的温暖地带为基准，介绍了适宜
的种植时期和时间段。

D. 花期
以日本关东地区以西的温暖地带为基准，介绍了开花
时期及时间段。

E. 花或叶的颜色
介绍了通常情况容易获得的颜色。

F. 株高
记载了植物生长的平均高度。

G. 特征
除了植物的表面特征、生长时的扩大方法之外，还介
绍了植物对光照、土壤湿度等喜好的生长环境。

H. 培育方法的诀窍
介绍了浇水、施肥、摘花等，特别是护理时需要注意的
地方，以及庭院栽种、花箱栽种等推荐的栽种方法。